COMICE AGRICOLE

Des Cantons

D'AMPLEPUIS ET THIZY

DE

QUATRE COMMUNES DU CANTON DE LAMURE

Et de Saint-Just-d'Avray

1872

Dix-Septième Année.

CONCOURS DU 5 OCTOBRE

A CUBLIZE.

LYON

IMPRIMERIE JEVAIN ET BOURGEON

RUE NERCIÈRE, 92

1873

COMICE AGRICOLE

Des Cantons

D'AMPLEPUIS ET THIZY

DE

QUATRE COMMUNES DU CANTON DE LAMURE

Et de Saint-Just-d'Avray

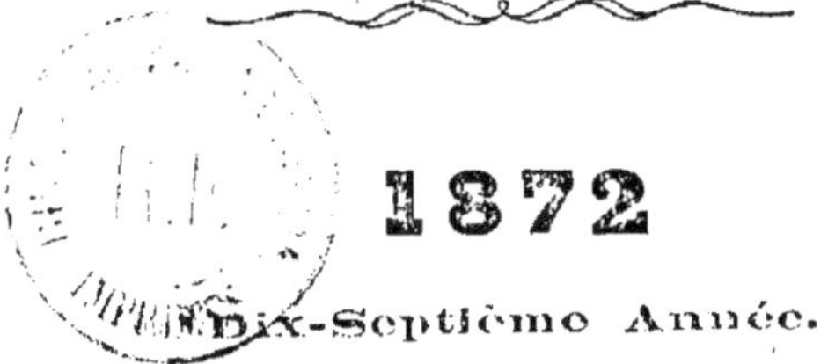

1872

Dix-Septième Année.

CONCOURS DU 5 OCTOBRE

A CUBLIZE.

LYON

IMPRIMERIE JEVAIN ET BOURGEON

RUE MERCIÈRE, 92

1873

EXPLICATION DES SIGNES.

Dimanche,		Les Gémeaux,	
Jour de fête,		L'Écrevisse,	
Jour ouvrier,		Le Lion,	
Nouvelle lune,		La Vierge,	
Premier quartier,		La Balance,	
Pleine lune,		Le Scorpion	
Dernier quartier,		Le Sagittaire,	
SIGNES DU ZODIAQUE		Le Capricorne,	
Le Bélier,		Le Verseau,	
Le Taureau,		Les Poissons,	

ÉCLIPSES.

Lune (totale), 12 mai, à 11 h. 29 m. matin, invisible à Paris
Soleil (partielle), 26 mai, à 8 h. 34 m. matin, visible à Paris.
Lune (totale), 4 novembre, à 4 h. soir, visible à Paris.
Soleil (partielle), 20 novembre, 3 h. 30 m. mat., invis. à Paris.

FÊTES MOBILES.

Les Cendres, 26 février.	La Pentecôte, 1er juin.
Pâques, 13 avril.	La Fête-Dieu, 12 juin.
L'Ascension, 22 mai.	1er Dim. de l'Avent, 30 déc.

SAISONS.

Printemps, le 20 mars.	Automne, le 22 septembre.
Eté, le 21 juin.	Hiver, le 21 décembre.

On désigne sous le nom de *Lune Rousse* la lune qui suit immédiatement celle de mars. Elle commencera cette année le 28 mars, à 1 h. 3 m. soir, et finira le 26 avril, à 10 h. 51 soir.

CHRONOLOGIE.

Du commencement du Monde.	5873	ans
Du Déluge	4217	»
De la Naissance de Jésus-Christ.	1873	»
Depuis l'invention de la poudre.	519	»
De l'invention de l'imprimerie.	432	»
Depuis la découverte de l'Amérique.	381	»
De la Révolution française de 1789.	84	»
De la fondation de Rome.	2626	»

JANVIER 1873

					SOLEIL		LUNE
					Lever	Coucher	
					h. m.	h. m.	
1	mer	*Circoncision*.			7 56	4 12	
2	jeu	s. Clair, abbé			7 56	4 13	
3	ven	sᵉ Geneviève.			7 56	4 14	**P.** **Q.**
4	sam	s. Tite, évêq.			7 56	4 15	
5	Dim	s. Siméon Styl			7 55	4 16	le 5,
6	lun	*Epiphanie*.			7 55	4 17	9 h. 37 m. du soir.
7	mar	s. Lucien.			7 55	4 19	*froid*
8	mer	s. Patient.			7 55	4 20	
9	jeu	s. Guillaume.			7 54	4 21	
10	ven	s. Paul ermite			7 54	4 22	
11	sam	s. Théodose.			7 53	4 24	**P.** **L.**
12	Dim	s. Jean, évêq.			7 52	4 25	le 13,
13	lun	sᵉ Véronique.			7 52	4 27	4 h. 32 m. du soir.
14	mar	Baptême N-S.			7 51	4 28	
15	mer	s. Maur.			7 51	4 29	*neigeux*
16	jeu	s. Marcel, pap			7 50	4 31	
17	ven	s. Antoine.			7 49	4 32	
18	sam	Ch. s. Pierre.			7 48	4 34	
19	Dim	s. Bonnet.			7 47	4 35	**D.** **Q.**
20	lun	s. Fabien.			7 46	4 37	le 21,
21	mar	sᵉ Agnès.			7 46	4 38	8 h. 40 m. du soir.
22	mer	s. Vincent.			7 45	4 40	*froid*
23	jeu	s. Barnard.			7 43	4 41	
24	ven	s. Timothée.			7 42	4 43	
25	sam	Conv. s. Paul			7 41	4 45	
26	Dim	s. Polycarpe.			7 40	4 46	**N.** **L.**
27	lun	s. Jean Chrys.			7 39	4 48	
28	mar	s. Cyrille d'Al.			7 38	4 49	le 28,
29	mer	s. Franc. de S.			7 36	4 51	5 h. 36 m. du soir.
30	jeu	sᵉ Bathilde.			7 35	4 52	*brouil.*
31	ven	s. Pierre Nol.			7 34	4 54	

Depuis le 1ᵉʳ Janvier jusqu'au 31, les jours croissent
de 22 minutes le matin et de 42 le soir.

FÉVRIER 1873

				SOLEIL Lever	SOLEIL Coucher	LUNE
				h. m.	h. m.	
1	sam	s. Ignace, év.		7 33	4 56	
2	Dim	*Purificat. N-D*		7 31	4 58	
3	lun	s. Blaise, évêq		7 30	4 59	P. Q.
4	mar	s. André.		7 28	5 1	le 4,
5	mer	sᵉ Agathe, v.		7 27	5 3	10 h. 15 m. du matin.
6	jeu	s. Vaast, évêq		7 25	5 4	
7	ven	s. Romuald.		7 24	5 6	*froid*
8	sam	s. Jean de M.		7 22	5 8	
9	Dim	*Septuagésime.*		7 20	5 9	
10	lun	sᵉ Scholastiq.		7 19	5 10	P. L.
11	mar	s. Sévérin.		7 17	5 12	le 12,
12	mer	sᵉ Eulalie.		7 16	5 14	11 h. 42 m. au matin.
13	jeu	s. Etienne.		7 14	5 16	
14	ven	s. Valentin.		7 12	5 18	*beau*
15	sam	s. Faustin.		7 10	5 19	
16	Dim	*Sexagésime.*		7 9	5 21	
17	lun	s. Silvain.		7 7	5 22	
18	mar	s. Siméon		7 5	5 24	D. Q.
19	mer	s. Gabin.		7 3	5 26	le 20,
20	jeu	s. Eucher.		7 1	5 27	11 h. 32 m. du matin.
21	ven	s. Pépin.		6 59	5 29	*froid*
22	sam	sᵉ Isabelle, v.		6 58	5 31	
23	Dim	*Quinquagés.*		6 56	5 32	
24	lun	s. Méraud.		6 54	5 33	
25	mar	*Mardi-gras.*		6 52	5 35	N. L.
26	mer	*Les Cendres.*		6 50	5 37	le 27,
27	jeu	s. Gabnier.		6 48	5 39	3 h. 31 m. du matin.
28	ven	s. Romain.		6 46	5 40	*neigeux*

COMPUT ECCLÉSIASTIQUE.	Nombre d'or....... 12	Épacte.......... I
	Cycle solaire....... 6	Lettre dominicale.. E

Depuis le 1er Février jusqu'au 28 les jours croissent
de 47 minutes le matin et de 45 le soir.

MARS 1873

			SOLEIL		LUNE
			Lever	Coucher	
			h. m.	h. m.	
1	sam	s. Aubin.		6 45	5 41	
2	Dim	*Quadragésim.*		6 42	5 43	
3	lun	s^e Camille.		6 40	5 45	
4	mar	s. Casimir.		6 38	5 47	
5	mer	4 *Temps.*		6 36	5 48	
6	jeu	s^e Colette.		6 34	5 50	
7	ven	s^{tes} Perpét. Fél		6 32	5 51	
8	sam	s. Jean de Dieu		6 30	5 53	
9	Dim	*Reminiscere.*		6 28	5 54	
10	lun	s. Blanchard.		6 26	5 56	
11	mar	s. Constantin.		6 24	5 57	
12	mer	s. Grégoire.		6 22	5 59	
13	jeu	s. Maximilien.		6 20	6 1	
14	ven	s. Lubin.		6 18	6 2	
15	sam	s. Zacharie.		6 15	6 3	
16	Dim	*Oculi.*		6 13	6 5	
17	lun	s. Patrice.		6 11	6 7	
18	mar	s. Alexandre.		6 9	6 8	
19	mer	s. Joseph.		6 7	6 10	
20	jeu	s. Joachim.		6 5	6 11	
21	ven	s. Benoît.		6 3	6 13	
22	sam	s. Paul, évêq.		6 1	6 14	
23	Dim	*Lætare.*		5 59	6 16	
24	lun	s. Guillaume.		5 56	6 17	
25	mar	ANNONCIATION		5 53	6 19	
26	mer	s. Emmanuel.		5 52	6 20	
27	jeu	s. Lazare.		5 50	6 22	
28	ven	s. Gontrand.		5 48	6 23	
29	sam	s. Eustase.		5 46	6 25	
30	Dim	*La Passion.*		5 44	6 26	
31	lun	s^e Balbine.		5 43	6 27	

P. Q.
le 6,
1 h. 34 m.
du matin.

sec

P. L.
le 14,
5 h. 54 m.
du matin.

orageux

D. Q.
le 21,
10 h. 29 m.
du soir.

froid

N. L.
le 28,
4 h. 3 m.
du soir.

giboulée

Depuis le 1er Mars jusqu'au 31, les jours croissent
de 1 h. 2 minutes le matin et de 46 m. le soir.

AVRIL 1873

				SOLEIL		LUNE
				Lever	Coucher	
				h. m	h. m.	
1	mar	s. Hugues.		5 41	6 28	
2	mer	s. Nizier.		5 38	6 31	
3	jeu	s. François deP		5 36	6 32	**P. Q.**
4	ven	s. Ambroise.		5 33	6 34	
5	sam	s. Vincent fer.		5 31	6 35	le 4,
6	Dim	*Les Rameaux.*		5 29	6 37	6 h. 45 m. du soir.
7	lun	s. Hégésippe.		5 27	6 38	*beau*
8	mar	s. Herman.		5 25	6 39	
9	mer	sᵉ Marie d'Ég.		5 23	6 41	
10	jeu	s. Macaire.		5 21	6 42	
11	ven	*Vendr.-Saint.*		5 19	6 44	**P. L.**
12	sam	s. Jules.		5 17	6 45	le 12,
13	Dim	PAQUES.		5 15	6 47	10 h. 0 m. du soir.
14	lun	s. Lambert.		5 13	6 48	
15	mar	sᵉ Basilice.		5 11	6 50	*variable*
16	mer	s. Fructueux.		5 9	6 51	
17	jeu	s. Anicet.		5 7	6 53	
18	ven	s Gébuin.		5 5	6 54	
19	sam	s. Léon IX.		5 3	6 56	**D. Q.**
20	Dim	*Quasimodo.*		5 1	6 57	le 20,
21	lun	s. Anselme.		5 0	6 59	5 h. 57 m. du matin.
22	mar	s. Epipoy.		4 58	7 0	*nuageux*
23	mer	s. Georges.		4 56	7 2	
24	jeu	s. Fidèle.		4 54	7 3	
25	ven	s. Marc, évan.		4 52	7 5	
26	sam	s. Clet.		4 50	7 6	
27	Dim	s. Rustique.		4 49	7 7	**N. L.**
28	lun	s. Vital.		4 47	7 9	le 26,
29	mar	s. Robert.		4 45	7 10	10 h. 54 m. du soir.
30	mer	sᵉ Cath. de S.		4 44	7 11	*pluie*

Depuis le 1ᵉʳ Avril jusqu'au 30, les jours croissent
de 57 minutes le matin et de 43 le soir.

MAI 1873

					SOLEIL Lever h. m.	SOLEIL Coucher h. m.	LUNE
1	jeu	ss. Jacq. Phil.			4 42	7 13	
2	ven	s. Athanase.			4 40	7 15	
3	sam	Invent. s^{te} †.			4 38	7 16	
4	Dim	s^e Monique.			4 37	7 18	**P. Q.**
5	lun	s. Pie V, pape.			4 35	7 19	le 4,
6	mar	s. Jean P. L.			4 33	7 20	0 h. 42 m.
7	mer	s. Stanislas.			4 32	7 22	du soir.
8	jeu	s^e Aglaé.			4 30	7 23	*beau*
9	ven	s. Grégoire d N			4 29	7 25	
10	sam	s. Gordien.			4 27	7 26	
11	Dim	s. Mamert.			4 26	7 27	**P. L.**
12	lun	s. Pancrace.			4 24	7 29	le 12,
13	mar	s. Servais, év.			4 23	7 30	11 h. 27 m.
14	mer	s. Pacôme.			4 22	7 31	du matin.
15	jeu	s. Isidore.			4 20	7 33	*beau*
16	ven	s. Honoré.			4 19	7 34	
17	sam	s. Pascal.			4 18	7 35	
18	Dim	s. Éric.			4 16	7 37	
19	lun	*Les Rogations*			4 15	7 38	**D. Q.**
20	mar	s. Bernardin.			4 14	7 39	le 19,
21	mer	s. Austrégile.			4 13	7 40	11 h. 9 m.
22	jeu	ASCENSION.			4 12	7 42	du matin.
23	ven	s. Didier.			4 11	7 43	*pluie*
24	sam	s. Afre.			4 10	7 44	
25	Dim	s. Grégoire vii			4 9	7 45	
26	lun	s. Philippe de N			4 8	7 46	**N. L.**
27	mar	s. Jules.			4 7	7 47	le 26,
28	mer	s. Germain d P			4 6	7 48	9 h. 20 m.
29	jeu	s. Maximin.			4 5	7 49	du matin.
30	ven	s. Ferdinand.			4 4	7 51	*variable*
31	sam	s^e Pétronille.			4 4	7 51	

Depuis le 1er Mai jusqu'au 31, les jours croissent
de 38 minutes le matin et de 39 le soir.

JUIN 1873

			SOLEIL		LUNE
			Lever	Coucher	
			h. m.	h. m.	
1	Dim	PENTECOTE.	4 3	7 52	
2	lun	s. Marcellin.	4 2	7 54	
3	mar	se Clotilde.	4 2	7 54	P. Q.
4	mer	4 *Temps.*	4 1	7 55	
5	jeu	s. Boniface.	4 1	7 56	le 3,
6	ven	s. Claude, év.	4 0	7 57	6 h. 29 m.
7	sam	s. Robert.	4 0	7 57	du matin.
8	Dim	*La Trinité.*	3 59	7 59	*chaleur*
9	lun	s. Prime.	3 59	7 59	
10	mar	s. Landry.	3 59	8 0	
11	mer	s. Barnabé.	3 59	8 0	P. L.
12	jeu	*Fête-Dieu.*	3 58	8 1	
13	ven	s. Rambert.	3 58	8 1	le 10,
14	sam	s. Basile.	3 58	8 2	10 h. 11 m.
15	Dim	s. Cyr.	3 58	8 2	du soir.
16	lun	s. J.-F. Régis.	3 58	8 3	*pluie*
17	mar	s. Avit, évêq.	3 58	8 3	
18	mer	se Marine.	3 58	8 4	
19	jeu	s. Gerv. s. Pr.	3 58	8 4	D. Q.
20	ven	s. Silvère.	3 58	8 5	
21	sam	s Louis de G.	3 58	8 5	le 17,
22	Dim	s. Paulin, év.	3 58	8 5	3 h. 41 m.
23	lun	s. Ferréol.	3 58	8 5	du soir.
24	mar	s. *Jean-Baptis*	3 59	8 5	*beau*
25	mer	s. Prosper.	3 59	8 5	
26	jeu	s. Anthelme	3 59	8 5	
27	ven	se Adèle.	4 0	8 5	N. L.
28	sam	s. Irénée.	4 1	8 5	
29	Dim	s. *Pierre, s. P*	4 1	8 5	le 24,
30	lun	s. Martial.	4 1	8 5	9 h. 21 m.
					du soir.
					variable

Du 1er au 23 Juin, les jours croissent de **7 minutes** le matin et de 13 le soir.

JUILLET 1873

Jour		Fête	Soleil Lever (h. m.)	Soleil Coucher (h. m.)
1	mar	s. Gal, évêq.	4 2	8 5
2	mer	*Visitat. N. D.*	4 3	8 4
3	jeu	s. Anatole.	4 4	8 4
4	ven	se Berthe.	4 4	8 4
5	sam	se Zoé, m.	4 5	8 3
6	Dim	s. Isaïe.	4 6	8 3
7	lun	s. Thomas.	4 7	8 2
8	mar	s. Procope.	4 7	8 2
9	mer	se Anatolie.	4 8	8 1
10	jeu	les 7 frères m.	4 9	8 0
11	ven	s. Sa.in.	4 10	8 0
12	sam	s. Vi.entiol.	4 11	7 59
13	Dim	s. Silas.	4 12	7 58
14	lun	s. Bonaventure	4 13	7 58
15	mar	s. Henri.	4 14	7 57
16	mer	N.-D. du M.-C.	4 15	7 56
17	jeu	s. Spérat.	4 16	7 55
18	ven	s. Thomas d'A	4 17	7 55
19	sam	s. Vincent de P	4 18	7 54
20	Dim	se Marguerite.	4 19	7 53
21	lun	s. Victor, m.	4 21	7 52
22	mar	se M. Madel.	4 22	7 50
23	mer	s. Apollinaire.	4 23	7 49
24	jeu	*Jours canicul.*	4 24	7 47
25	ven	s. Jacques M.	4 25	7 46
26	sam	s. Joachim.	4 27	7 45
27	Dim	s. Pérégrin.	4 28	7 44
28	lun	se Anne.	4 29	7 42
29	mar	se Marthe.	4 31	7 41
30	mer	s. Abdon.	4 32	7 40
31	jeu	s. Ignace. de L	4 33	7 39

LUNE

P. Q. le 2, 11 h. 19 m. du soir. *sec*

P. L. le 10, 6 h. 43 m. du matin. *beau*

D. Q. le 16, 9 h. 7 m. du soir. *pluie*

N. L. le 24, 10 h. 43 m. du matin. *passable*

Depuis le 1er Juillet jusqu'au 31, les jours diminuent de 31 minutes le matin et de 26 le soir.

AOUT 1873

Jour		Fête	Signes	SOLEIL Lever	SOLEIL Coucher	LUNE
1	ven	s. Pierre-ès-L.		4 34	7 37	
2	sam	N. D. des Ar.		4 36	7 35	
3	Dim	Inv. s. Etienne		4 37	7 34	P. Q. le 1, 2 h. 39 m. du soir. *pluie*
4	lun	s. Dominique		4 39	7 32	
5	mar	s. Yon.		4 40	7 31	
6	mer	Transf. N. S.		4 41	7 29	
7	jeu	s. Alphonse.		4 43	7 27	
8	ven	s⁰ Blandine.		4 44	7 26	
9	sam	s. Domitien.		4 45	7 24	P. L. le 8, 2 h. 1 m. du soir. *chaleur*
10	Dim	s. Laurent.		4 47	7 22	
11	lun	s. Sidoine.		4 48	7 21	
12	mar	s⁰ Claire.		4 50	7 19	
13	mer	s. Hippolyte		4 51	7 17	
14	jeu	*Vigile-Jeûne.*		4 53	7 16	
15	ven	ASSOMPTION		4 54	7 14	D. Q. le 15, 4 h. 50 m. du matin. *variable*
16	sam	s. Roch.		4 55	7 12	
17	Dim	s. Mammès.		4 57	7 10	
18	lun	s⁰ Hélène.		4 58	7 8	
19	mar	s. André.		4 59	7 7	
20	mer	s. Bernard.		5 1	7 5	
21	jeu	s⁰ Jeanne de Ch.		5 2	7 3	
22	ven	s. Symphor.		5 4	7 1	N. L. le 23, 1 h. 40 m. du matin. *chaleur*
23	sam	s. Eléazar.		5 5	6 59	
24	Dim	s. Barthélemy		5 6	6 57	
25	lun	s. Louis, roi.		5 8	6 55	
26	mar	*Fin des j. can.*		5 9	6 53	
27	mer	s. Césaire d'A		5 11	6 51	
28	jeu	s. Augustin.		5 12	6 49	P. Q. le 31, 3 h. 57 m. du matin. *beau*
29	ven	Déc. s. J.-B.		5 14	6 47	
30	sam	s. Fiacre.		5 15	6 45	
31	Dim	s. Paulin.		5 16	6 43	

Depuis le 1ᵉʳ Août jusqu'au 31, les jours diminuent
de 42 minutes le matin et de 54 le soir.

SEPTEMBRE 1873

			SOLEIL Lever	SOLEIL Coucher	LUNE
			h. m.	h. m.	
1	lun	s. Leu, évêq.	5 17	6 42	
2	mar	s. Just, évêq.	5 19	6 39	
3	mer	s. Grégoire.	5 21	6 37	
4	jeu	s. Marcel.	5 22	6 35	P. L.
5	ven	s. Bertin.	5 23	6 33	le 6,
6	sam	sᵉ Evé.	5 25	6 31	9 h. 18 m. du soir.
7	Dim	s. Cloud.	5 26	6 29	nuageux
8	lun	*Nativit. N. D.*	5 28	6 26	
9	mar	s Omer.	5 29	6 24	
10	mer	s. Nicolas T.	5 31	6 22	
11	jeu	s. Patient.	5 32	6 20	D. Q.
12	ven	s. Sacerdos.	5 33	6 18	le 13,
13	sam	s. Aimé, évêq.	5 35	6 16	3 h 30 m. au soir.
14	Dim	Exalt. sᵉ Cr.	5 36	6 14	pluie
15	lun	s. Alpin.	5 38	6 12	
16	mar	s. Corneille.	5 39	6 9	
17	mer	4 *Temps.*	5 41	6 7	
18	jeu	sᵉ Sophie.	5 42	6 5	
19	ven	s. Janvier.	5 43	6 3	N. L.
20	sam	s. Eustache.	5 45	6 1	le 21,
21	Dim	s. Mathieu, éva	5 46	5 59	6 heures du soir.
22	lun	s. Maurice.	5 48	5 57	variable
23	mar	sᵉ Thècle.	5 49	5 55	
24	mer	s. Andoche.	5 51	5 52	
25	jeu	s. Loup, évêq.	5 52	5 50	
26	ven	sᵉ Justine.	5 53	5 48	P. Q.
27	sam	s. Côme, s. D.	5 55	5 46	le 29,
28	Dim	s. Ennemond.	5 56	5 44	3 h. 5 m. du soir.
29	lun	s. Michel, arch.	5 58	5 42	pluie
30	mar	s. Jérome.	5 59	5 41	

Depuis le 1ᵉʳ Septembre jusqu'au 30, les jours diminuent de 42 m. le matin et de 1 h. 1 m. le soir.

OCTOBRE 1873

				SOLEIL		LUNE
				Lever	Coucher	
				h. m.	h. m.	
1	mer	s. Rémy, évêq.		6 0	5 39	
2	jeu	ss. Anges Gar.		6 2	5 36	
3	ven	*N. D. du Ros.*		6 4	5 33	P. L.
4	sam	s. François d'A		6 5	5 31	
5	Dim	s. Placide.		6 7	5 29	le 6,
6	lun	s. Bruno.		6 8	5 27	5 h. 41 m. du matin.
7	mar	s. Marc, pape.		6 10	5 25	*brouil.*
8	mer	sᵉ Brigitte.		6 11	5 23	
9	jeu	s. Denys, évêq		6 13	5 21	
10	ven	s. Paulin.		6 14	5 19	
11	sam	s. Héand, ab.		6 16	5 17	D. Q.
12	Dim	s. Vilfride.		6 17	5 15	le 13,
13	lun	s. Géraud.		6 19	5 13	6 h. 35 m. du matin.
14	mar	s. Calixte, p.		6 20	5 11	
15	mer	sᵉ Thérèse.		6 22	5 9	*vent.*
16	jeu	s. Antioche.		6 23	5 7	
17	ven	sᵉ Hedwige.		6 25	5 5	
18	sam	s. Luc, évang.		6 26	5 3	
19	Dim	s. Pierre d'Al.		6 28	5 1	N. L.
20	lun	s. Artème.		6 30	4 59	le 21,
21	mar	sᵉ Ursule.		6 31	4 58	11 h. 4 m. du matin.
22	mer	s. Hilarion.		6 33	4 56	
23	jeu	s. Jean de Cap		6 34	4 54	*pluie*
24	ven	s. Magloire.		6 36	4 52	
25	sam	s. Crépin, s. C		6 37	4 50	
26	Dim	s. Evariste, p.		6 39	4 48	
27	lun	s. Frumence.		6 41	4 47	P. Q.
28	mar	ss. Simon, Jud		6 42	4 45	le 29,
29	mer	s. Narcisse.		6 44	4 43	0 h. 49 m. du matin.
30	jeu	sᵉ Zénobie.		6 45	4 41	*beau.*
31	ven	*Vigile-Jeûne.*		6 46	4 41	

Depuis le 1ᵉʳ Octobre jusqu'au 31, les jours diminuent de 46 minutes le matin et de 58 le soir.

<table>
<tr><td colspan="3">NOVEMBRE 1873</td><td colspan="2">SOLEIL
Lever / Coucher</td><td>LUNE</td></tr>
<tr><td></td><td></td><td></td><td>h. m.</td><td>h. m.</td><td></td></tr>
<tr><td>1</td><td>sam</td><td>TOUSSAINT.</td><td>6 48</td><td>4 39</td><td></td></tr>
<tr><td>2</td><td>DIM</td><td>les Trépassés.</td><td>6 50</td><td>4 37</td><td></td></tr>
<tr><td>3</td><td>lun</td><td>s. Hubert.</td><td>6 52</td><td>4 35</td><td></td></tr>
<tr><td>4</td><td>mar</td><td>s. Clair.</td><td>6 53</td><td>4 33</td><td>P. L.</td></tr>
<tr><td>5</td><td>mer</td><td>s. Bertille.</td><td>6 55</td><td>4 32</td><td>le 4,</td></tr>
<tr><td>6</td><td>jeu</td><td>s. Léonard.</td><td>6 57</td><td>4 30</td><td>3 h. 57 m.</td></tr>
<tr><td>7</td><td>ven</td><td>s. Ernest.</td><td>6 58</td><td>4 29</td><td>du soir.
froid</td></tr>
<tr><td>8</td><td>sam</td><td>les s^{tes} reliques</td><td>7 0</td><td>4 27</td><td></td></tr>
<tr><td>9</td><td>DIM</td><td>s. Théodore.</td><td>7 1</td><td>4 26</td><td></td></tr>
<tr><td>10</td><td>lun</td><td>s. André Av.</td><td>7 3</td><td>4 25</td><td></td></tr>
<tr><td>11</td><td>mar</td><td>s. Martin, év.</td><td>7 5</td><td>4 23</td><td>D. Q.</td></tr>
<tr><td>12</td><td>mer</td><td>s. Martin, pap</td><td>7 6</td><td>4 22</td><td>le 12,</td></tr>
<tr><td>13</td><td>jeu</td><td>s. Brice, év.</td><td>7 8</td><td>4 21</td><td>0 h. 57 m.</td></tr>
<tr><td>14</td><td>ven</td><td>s. Laurent.</td><td>7 9</td><td>4 19</td><td>du matin.</td></tr>
<tr><td>15</td><td>sam</td><td>s^e Gertrude.</td><td>7 11</td><td>4 18</td><td>variable</td></tr>
<tr><td>16</td><td>DIM</td><td>s. Eucher.</td><td>7 13</td><td>4 17</td><td></td></tr>
<tr><td>17</td><td>lun</td><td>s. Grégoire T.</td><td>7 14</td><td>4 16</td><td></td></tr>
<tr><td>18</td><td>mar</td><td>s. Romain, m.</td><td>7 16</td><td>4 15</td><td></td></tr>
<tr><td>19</td><td>mer</td><td>s^e Elisabeth.</td><td>7 17</td><td>4 14</td><td>N. L.</td></tr>
<tr><td>20</td><td>jeu</td><td>s. Octave.</td><td>7 19</td><td>4 13</td><td>le 20,</td></tr>
<tr><td>21</td><td>ven</td><td>Présent. N. D.</td><td>7 20</td><td>4 12</td><td>3 h. 46 m.</td></tr>
<tr><td>22</td><td>sam</td><td>s^e Cécile.</td><td>7 22</td><td>4 11</td><td>du matin.
neigeux</td></tr>
<tr><td>23</td><td>DIM</td><td>s. Clément.</td><td>7 23</td><td>4 10</td><td></td></tr>
<tr><td>24</td><td>lun</td><td>s. Chrysog.</td><td>7 25</td><td>4 9</td><td></td></tr>
<tr><td>25</td><td>mar</td><td>s^e Catherine.</td><td>7 26</td><td>4 8</td><td></td></tr>
<tr><td>26</td><td>mer</td><td>s. Lin, pape.</td><td>7 28</td><td>4 7</td><td>P. Q.</td></tr>
<tr><td>27</td><td>jeu</td><td>s. Maxime.</td><td>7 29</td><td>4 6</td><td>le 27,</td></tr>
<tr><td>28</td><td>ven</td><td>s. Etienne-le-j</td><td>7 30</td><td>4 6</td><td>8 h. 22 m.</td></tr>
<tr><td>29</td><td>sam</td><td>s. Brandan.</td><td>7 32</td><td>4 5</td><td>du matin.</td></tr>
<tr><td>30</td><td>DIM</td><td>L'Avent.</td><td>7 32</td><td>4 5</td><td>froid</td></tr>
</table>

Depuis le 1er Novembre jusqu'au 30, les jours diminuent de **44** minutes le matin et de **34** le soir.

DECEMBRE 1873

			SOLEIL Lever	SOLEIL Coucher	LUNE
			h. m.	h. m.	
1	lun	s. Eloi, évêq.	7 34	4 4	
2	mar	sᵉ Marianne.	7 36	4 4	
3	mer	s. Franç.-Xav	7 37	4 3	
4	jeu	sᵉ Barbe, v.	7 38	4 3	**P.** **L.**
5	ven	s. Sabas, ab.	7 39	4 2	le 4,
6	sam	s. Nicolas, év.	7 40	4 2	4 h. 30 m.
7	Dɪᴍ	s. Ambroise.	7 42	4 2	du matin.
8	lun	*Concept. N. D*	7 43	4 2	
9	mar	sᵉ Léocadie.	7 44	4 1	*froid*
10	mer	sᵉ Eulalie.	7 45	4 1	
11	jeu	s. Damase, p.	7 46	4 1	**D.** **Q.**
12	ven	s. Epimaque.	7 47	4 1	le 11,
13	sam	sᵉ Lucie, m.	7 48	4 1	10 h. 3 m.
14	Dɪᴍ	s. Nicaise.	7 48	4 1	du soir.
15	lun	s. Eusèbe.	7 49	4 2	*froid*
16	mar	sᵉ Adélaïde.	7 50	4 2	
17	mer	4 *Temps.*	7 51	4 2	
18	jeu	s. Gatien.	7 52	4 2	
19	ven	s. Timoléon.	7 52	4 3	**N.** **L.**
20	sam	s. Philogone.	7 53	4 3	le 19,
21	Dɪᴍ	s. Thomas.	7 53	4 4	6 h. 59 m.
22	lun	s. Flavien.	7 54	4 4	du soir.
23	mar	sᵉ Victoire.	7 54	4 5	*neigeux*
24	mer	*Vigile-jeûne.*	7 55	4 5	
25	jeu	*NOEL.*	7 55	4 6	
26	ven	*s. Etienne.*	7 55	4 7	**P.** **Q.**
27	sam	*s. Jean, év.*	7 55	4 7	le 26,
28	Dɪᴍ	les Innocents.	7 56	4 8	4 h. 14 m.
29	lun	s. Trophime.	7 56	4 9	du soir.
30	mar	s. Sabin, évêq	7 56	4 10	*froid.*
31	mer	s. Sylvestre, p	7 56	4 11	

Du 1ᵉʳ au 25 Décembre les jours diminuent de
21 minutes le matin et de 3 le soir.

Foires du département du Rhône.

Janvier. — 2 Brignais, Chambost-Long., Lentilly, Saint-Julien-de-B. 4 Oullins, Saint-Laurent-d'A., Chambost-Ch. 7 Bully, Givors. 13 Saint-Laurent-de-Ch. 14 Vaugneray. 15 Vourles. 16 Aigueperse. 17 Sainte-Colombe, Ouroux, Saint-Loup. 18 Mornant. 19 La Tour-de-S. 20 Riverie, Villechenève. 21 Pollionay, Soucieu, Villié. 22 Amplepuis. 23 Saint-Genis-Laval. 25 Saint-Andéol-le-Ch., Cenves, Chamelet, Chessy. 29 Givors, Grézieux-la-V. 30 Haute-Rivoire.

1er lundi les Halles, Villefranche, Cours. 1er mardi Bois-d'Oingt. 1er mercredi Chazay-d'Az., Thizy. 3e jeudi, Sainte-Foy-l'Arg.

Février. — 1 Thurins, Saint-Georges-de-Rh. 3 Les Halles, Larajasse, Saint-Didier-sous-R., Saint-Julien-de-B., Vernaison, Julié, Vaux. 5 Montrottier, Iseron, Châtillon-d'Az. 6 La Tour-de-S. 7 Grandris. 16 Condrieu. 21 Saint-Bonnet-des-B. 22 Chambost-C.

1er lundi Cours, Saint-Forgeux. 1er mardi Bois-d'Oingt. 1er mercredi Thizy. 1er jeudi Anse. 1er samedi de Carême, Saint-Bel. 2e mercredi de Carême, Villechenève. Lundi avant la Purification, Monsols. Vendredi id., Neuville. Jeudi gras, Villechenève. Mercredi des Cendres, Sainte-Foy-les-Lyon, Beaujeu. Samedi de mi-Carême, Amplepuis, Chamelet. Mercredi id., Beaujeu. Jeudi après le 5, Lamure.

Mars. — 1 Aigueperse. 4 Poule. 8 Villié. 10 Orliénas, Cerclé, Julié. 12 Savigny, Belleville. 18 Vaugneray. 19 Grézieux-la-V., Saint-Igny-de-V. 20 Neuville, Saint-Nizier-d'Az. 22 Coire et Caluire, Juliénas, Ouroux, Saint-Loup. 24 Chenelette, Grandris. 26 Bully, Iseron, Valsonne. 30 Vaux.

1er lundi, Cours. 1er mardi, Bois-d'Oingt. 1er mercredi, Thizy. 1er jeudi, Anse. Mardi après la Passion, Ranchal. La veille des Rameaux, Chambost-Al. Lundi-saint, Montalon, Saint-Laurent-de-Ch. Mardi-saint, Montrottier, Saint-Martin-en-Haut. Jeudi-saint, Irigny, Cublize. Vendredi saint, Condrieu. Samedi-saint, Chamelet. APRÈS PAQUES. Lundi, St-Andéol-le-Château. Mardi, Amplepuis, Cenves. Mercredi, Saint-Genis-Laval, Propières. Jeudi, Bessenay, les Halles, Saint-Jacques-des-Arrêts. Samedi, Cublize. 2e samedi, Saint-Igny-de-V. 3e jeudi, Sainte-Foy-l'Ar.

Avril. — Saint-Laurent-d'A. 4 Poule. 10 Givors. 16 Chenelette. 20 Chambost-Long., Saint-Nizier-d'Az., Villié. 22 Saint-Georges-de-Reneins. 23 Riverie, Saint-Jean-d'Ar. 25 Haute-Rivoire, Sainte-Colombe, Chazay-d'Az., Joux, Julié. 26 Grézieux-la-Varenne, Aigueperse, Fleurie. 28 Les Olmes. 29 Ouroux, Ranchal, Saint-Bonnet-des-B.

1er lundi, Villefranche, Cours, Saint-Forgeux. 1er mardi, Bois-d'Oingt. 1er mercredi Thizy. 1er jeudi, Anse, Tarare. Jeudi après le 25, Lamure.

Mai. — 1 Neuville, Saint-Lager. 2 Irigny, Villechenève, Saint-Christophe. 4 La Tour-de-S., Poule. 5 Saint-Just-d'A. 6 Chasselay, Pollionay, St-Martin-en-Haut, Mardore, Saint-Jacques-des-Arrêts, Saint-Loup. 9 Iseron. 12 Bessenay, Soucieu, Chambost-Allières, Julié, Saint-Igny-de-Vers. 15 Belleville. 16 Chenelette. 18 Cerclé. 19 Villié. 20 Thurins, Propières, Saint-Nizier-d'Az. 25 Orliénas, Marnant, Vaux. 26 Ouroux. 28 Larajasse.

Lundi des Rogations, Saint-Andéol-le-Château. La veille de l'Ascension, Beaujeu. La veille de la Fête-Dieu, Beaujeu. 1er lundi, Cours. 1er mardi, Bois-d'Oingt. 2e mardi, Monsols. 1er mercredi, Thizy.

Mardi avant la Pentecôte, Haute-Rivoire. Lundi après la Pentecôte, Riverie, Villefranche (2 jours). Mardi id., Amplepuis, Belleville, Cenves, Ranchal. Jeudi id., Joux. Samedi id., Saint-Bel. 4e lundi après, Lamure-sur-Az.

Juin. — 1 Chenelette. 4 Poule, Saint-Just-d'A. 6 Brignais, Avenas, Châtillon-d'Az., Grandris. 7 Les Olmes. 11 Condrieu, Saint-Laurent-de-Ch., Savigny, Aigueperse, Cublize. 12 Cenves. 16 Montrottier, Chenelette. 20 Ouroux, Saint-Nizier-d'Az. 23 Bully. 24 Vogue à l'Arbresle. 25 Grézieux-la-V., Mardore,

FOIRES DU DÉPARTEMENT DU RHONE.

Saint-Jacques des Ar., Saint-Jean-d'Ar. 26 Juliénas, Marchamp, Tarare. 29 Lentilly, Chessy, Saint-Lager. 30 Millery, Ceuves, Salles.

1er lundi, Cours. 1er mercredi, Thizy. 1er lundi après la Saint-Jean, Sainte-Foy-l'Argentière. 1er mardi, Bois d'Oingt.

Juillet. — 2 Haute-Rivoire. 4 Poule, Saint-Just-d'A. 15 Neuville. 16 Chenelette. 19 Taluyers. 22 Saint-Maurice-sur-D., Ceuves. 23 Aiguepersse. 25 Pollionnay. 26 Irigny, Sainte-Colombe, Julié, Saint-Loup. 29 Chenelette. 30 Grigny.

1er lundi, Villefranche, Cours. 1er mardi, Bois-d'Oingt. 1er mercredi, Villechenève, Thizy.

Août. — 1 Saint-Laurent-de-Ch., Chambost-Al. 2 Larajasse, Montrottier. 4 Poule. 6 Saint-Laurent-d'A., Belleville, Salles. 8 Mornant. 9 Lentilly, Alfoux. 10 Vaugneray. 11 Saint-Andéol-le-Ch. 14 Villechenève, Chenelette, Grandris. 16 Thurins, Avenas, Cublize. 17 Bessenay, Grézieux-la-V. 19 Cuire et Caluire. 20 Saint-Bonnet-les-B. 23 Chamelet. 25 Ouroux. 26 Condrieu, Saint-Genis-Laval. 28 Saint-Julien-de-B. 29 Iseron, Ceuves, Saint-Jean-la-B. 31 Saint-Loup.

1er lundi, Cours, Saint-Forgeux. 1er mardi, Bois-d'Oingt. 1er mercredi, Thizy. 1er jeudi, Anse. 2e lundi, Villié. 2e mardi, Monsols. Mardi avant le 15, Amplepuis. Lundi le plus près du 24, Fleurieux-s-A.

Septembre. — 4 Mardore, Poule, Saint-Georges-de-R. 7 Villechenève, Grandris, Saint-Igny-de-V., Saint-Jacques-des-A. 8 Chessy. 9 Brignais, Joux. 10 Savigny. 12 Les Olmes. 16 Chambost-Long., Criénas. 18 Saint-Loup. 20 Sainte-Foy-l'Ar. 21 Chenelette. 28 La Tour-de-S. 29 Bully, Saint-Laurent-de-Ch., Poule, Saint-Lager. 30 Sainte-Colombe.

1er lundi, Cours. 1er mardi, Bessenay, Bois-d'Oingt. 1er mercredi, Thizy. Vendredi avant la Nativité, Neuville.

Octobre. — 1 Valsonne. 4 Châtillon-d'Az., Chenelette, Poule. 5 Vaugneray. 6 Vernaison. 9 Saint-Martin-en-Haut, Aiguepersse, Chambost-Al. 10 Cercié, Juliénas. 13 Givors. 15 Iseron. 18 Riverie, Joux, Julié. 20 Belleville, Saint-Bonnet-les-B., Saint-Nizier-d'Az. 25 Mornant. 27 Chenelette. 28 Condrieu, Fleurieux-sur-A., les Halles, Mornant, Chamelet, Saint-Loup. 30 Millery. 31 S.-Ign.-de-V.

1er jeudi, Villefranche, Cours; 1er mardi, Bois-d'Oingt; 1er mercredi, Thizy; 4e jeudi, Sainte-Foy-l'Argentière.

Novembre. — 1 Poule. 2 Montrottier, P. Minay, Saint-Andéol-le-Ch., Amplepuis. 3 Saint-Georges-de-R. 4 Bully. 6 Criénas. 7 Ouroux. 8 Thurins. 9 Julié. 10 Fleurie. 11 Oullins, Chenelette, Saint-Marcel-l'E. 12 Cuire et Caluire, Savigny, Taluyers, Cublize, Saint-Christophe, Vaux, Villié. 15 Chambost-Al., Saint-Clément-sous-V. 16 Larajasse, Châtillon-d'Az. 18 Soucieu. 20 Cercié. 22 Saint-Nizier-d'Az. 23 Limonest, Saint-Cyr-au-M.-d'Or, Sainte-Foy-les-Lyon, Saint-Igny-de-V. 25 Chambost-Long., Saint-Genis-Laval. 28 Aiguepersse. 30 Iseron.

1er lundi de l'Avent, les Halles; lundi avant la Toussaint, Monsols; vendredi avant la Toussaint, Neuville. 1er jeudi Anse; mercredi avant la Toussaint, Beaujeu. 1er mardi, Bois-d'Oingt. 1er lundi, Cours. 1er mercredi, Thizy. Jeudi après le 23, Lamure.

Décembre. — 1 Belleville, Tarare. 2 Vaugneray. 4 Grézieux-la-V., Ronthalon, Chessy. 5 Oullins, Condrieu, Irigny, Saint-Laurent-de-Ch. 7 Grandris. 8 Taluyers. 9 L'Arbresle, Saint-Martin-en-Haut, Valsonne. 10 Sainte-Foy-les-L., Latour-de-S. 12 Chambost-Al., 13 Haute-Rivoire, Chamelet. 16 Grigny, Neuville. 17 Saint-Genis-Laval, Villié. 18 Millery, Saint-Andéol-le-Ch. 21 Brignais, Cublize. 22 Bessenay, Cuire et Caluire. 26 L'Arbresle, Mornant. 28 Chaselay. 29 Longessaigne. 31 Juliénas.

1er lundi, Cours, Saint-Forgeux. Jeudi après la Conception, Sainte-Foy-l'Ar.gentière; mercredi avant la Saint-Nicolas, Beaujeu. 1er mardi, Amplepuis, Bois-d'Oingt. 1er jeudi, Anse. 1er mercredi, Chazay-d'Azergue, Thizy.

Foires du département de la Loire

Foires mobiles. — *Belleroche*, Jeudi-Saint. *Belmont*, 2ᵉ jeudi de mars, avril, mai, novembre et décembre. *Boën*, jeudi-gras, mi-carême, mardi-saint, dernier jeudi d'août, dernier mercredi de novembre, dernier jeudi de juillet. *Bourg-Argental*, mi-carême, Quasimodo, 1ᵉʳ lundi d'octobre. *Cervière*, lundi gras, mardi de Pâques, lundi avant la Pentecôte, lundi avant la St-Jean, lundi avant le 15 août, lundi après la Toussaint, lundi avant noël. *Changy*, lundi de Quasimodo, jeudi de la Pentecôte, mardi avant l'Assomption. *Chavanay*, 1ᵉʳ lundi après la fête de Ste-Agathe en février, 3ᵉ lundi d'août. *Coutouvres*, mardi après Quasimodo. *Dargeoire*, le lundi de la Trinité. *Feurs*, lundi lendemain des courses hippiques, mardi avant et mardi après le 17 janvier, le jour de St-Antoine, mardi avant la Toussaint, mardi avant Noël, mardi de la 4ᵉ semaine après Pâques. *La Pacaudière*, 1ᵉʳ mardi de mars. *L'hôpital-sous-Rochefort*, mardi après la Trinité, lendemain de St-Thomas de décembre. *Maclas*, 1ᵉʳ lundi après le 8 septembre. *Montagny*, 2ᵉ jeudi d'avril et de novembre. *Montbrison*, 1ᵉʳ jeudi de carême, samedi-saint, jeudi avant la Pentecôte, samedi avant l'Assomption, samedi avant Noël. *Néronde*, 2ᵉ samedi de carême, 1ᵉʳ samedi après la Nativité. *Neulise*, mardi de Pâques, mardi avant la Pentecôte, Jeudi avant Noël. *Noirétable*, samedi avant le 30 juin, samedi avant le 22 septembre. *Panissières*, 1ᵉʳ lundi de février, d'avril, de juillet et d'octobre, le lendemain de la Trinité. *Périgueux*, 2ᵉ mardi de mai. *Pouilly-les-Feurs*, jeudi de Quasimodo. *Régny*, mardi après le 28 août. *Rive-de-Gier*, mi-carême. *Roanne*, 1ᵉʳ lundi de carême, 2ᵉ mardi de janvier, avril, mai, juillet, septembre, octobre, décembre. *St-Bonnet-le-Château*, le jeudi-saint. *St-Didier-sur-Rochefort*, mardi de la Passion. *Ste-Colombe*, jeudi de la Passion. *St-Étienne*, 1ᵉʳ jeudi des mois d'avril, juillet et novembre. *St-Galmier*, mardi de Pâques, mardi de la Pentecôte. *St-Genest-Malifaux*, 1ᵉʳ mardi après l'Epiphanie, 1ᵉʳ mardi de mai. *St-Haon-le-Châtel*, samedi de la Passion. *St-Jean-Bonnefonds*, 1ᵉʳ mercredi de janvier et de juillet. *St-Just-en-Chevalet*, 2ᵉ jeudi de carême, jeudi de la Passion. *St-Martin-Lestra*, mardi de Pâques. *St-Pierre-de-Bœuf*, 1ᵉʳ lundi d'août. *St-Polgues*, mercredi de la mi-carême, mercredi après Pâques, mercredi après la Pentecôte. *St-Rambert*, 1ᵉʳ jeudi de janvier, 3ᵉ jeudi de carême. *St-Symphorien-de-Lay*,

Usson, lundi avant la Pentecôte, jeudi avant la St-Michel. *Vougy*, lundi de Pâques.

Janvier. — 2 Pélussin, Bussy-Albieux, 3 St-Germain-Lespinasse, St-Symphorien-de-Lay. 7 St-Germain-Lespinasse, Balbigny. 9 St-Just-en-Chevalet. 12 St-Julien-Molin-Molette. 13 Ste-Agathe-la-Bouteresse, 15 St-Paul-en-Jarret, la Fouillouse. 16 St-Marcel-d'Urfé. 17 St-Chamond, Villemontais. 18 Bussières. 20 St-Germain-Laval, 21 Champdieu. 22 Bourg-Argental, Rive-de-Gier, Firminy, St-Didier-sur-Rochefort. 29 Violay.

Février. — 3 Pélussin, St-Marcellin, Pouilly-les-Feurs, St-André-d'Apchon. 5 St-Polgues. 7 St-Marcel-de-Félines. 24 Le Chambon, St.Chamond, 25 Dargeoire.

Mars. — 10 Champoly. 18 St-Martin-d'Entreaux. 19 Lagresle, 20 St-Genest-Malifaux. 21 Changy. 26 Noirétable. 30 Renaison.

Avril. — 2 Ambierle. 14 Cremeaux. 21 Violay, 22 St-Forgeux-Lespinasse, 23 St-Germain Laval. 25 St-Etienne, St-Marcellin, St-André-d'Apchon, Régny.

FOIRES DU DÉPARTEMENT DE SAONE-ET-LOIRE

Sommant, Villegaudin. 16 les Bruyères, St-Léger-sur-B. 17 Beaurepaire, Montchanin, Navilly. 18 St-Emiland, Trembly, Uchizy. 19 St-Bonnet-de-J. 20 St-Usuge, Mâcon. 21 Villeneuve-en-M. 22 St-Yan. 23 Châteauneuf, Couches, Monthellet. St-Vallier. 25 Joncy, Tramayes. 26 Autun. 27 Cuiseaux, Saillenard. Salornay, Toulon. 28 Mont-St-Vincent. 29 Tintry. 31 Bois-Ste-Marie, Montpont, Ouroux.

Juin. — 1 Leynes, Pierre. 4 Perrecy. 5 Mazilles. 6 Brancion, 7 la Belouse, Issy l'Evêque, Montsauge, St-Martin-en-B., Sens. 8 Dompierre. 10 Digoin, Gr.-Verrière. 11 Châteauren. Marcilly, Monthellet. 12 Chagny, Cronat. 13 Bruyères, St-Julien-de-Cr. 14 Cray. 15 Cussy, Dieonne. Lys, Savigny-en-R.. 16 Cruzille. 17 Navilly. 18 Gueugnon, Loisy. 20 Bourg-le-C. 21 Autun. 22 Salornay, Simandre, Verdun. 23 Couches, Toulon, Tramayes. 24 la Chapelle-de-G. 25 St-Sorlin, Châlon. 27 Sigy-le-Châtel. 28 Montceau. 29 Blanzy. 30 Brancion, Bellevesvre, Lays, Senozan, Simard.

Juillet. — 1 Cloudeau, Genouilly. 2 Châteauneuf. 4 Buxy. 5 Devrouze, Palinges. 6 St-Léger. 8 Sennecey. 10 Cuiseaux. 12 Antuliy, Sornay. 13 Perrecy, 14 Essertenne. 15 Tramayes. 17 Navilly, Saillenard, St-Emiland. 19 Salornay-sur-G. 20 Toulon. 21 Melay. 22 Digoin, Remigny. 23 Laltnene. 24 Crêches, Issy-l'Evêque. 26 Branges, la Guiche. 27 St-Vallier. 28 Bourbon. 29 Mont-St-Vincent. 30 Dompierre, Germolle, St-Germain-du-P., St-Yan.

Août. — 1 Mervans. 2 Marizy, Neuvy. 3 Bois-Ste-Marie, Chenay, Labelouse, Perrecy, St-Amour. 4 Marcilly. 5 Sagy. 6 Sens, Villen.-en-M. 7 Tramayes. 8 Lys. 9 Châlon. 10 Mâcon. 11 les Bruyères, Château-Ren., Montcenis. 13 Genouilly, Ouroux, Serrigny. 14 la Croix-Bout, Flacey, Roussillon, Sailly. 16 Cormatin, Lays, Lessard-en-B. Mesvre, Montcony, Senozan, Trembly, Vitry-sur-Loire. 17 Gourdon, Gueugnon. 18 Loisy. 19 St-Bonnet-de-J. 20 Beaurepaire, St-Jean-de-V. 21 Bourgneuf, Dompierre. 22 Châteauneuf, St-Symphorien-de-M., Verjux. 23 Sanvi-la Tannière. 26 la Balme, Couches, Grury, St-Sorlin. 27 Blanzy. 28 Digoin, Sennecey. 29 Lugny, Montchanin. 30 Chagny. 31 St-Jean-des-V., Autun.

Septembre. — 1 Saillenard. 2 Monthiers. 3 St-Marcel, Tramayes. 4 Perrecy, Pierre, Salornay. 5 Labelouse. 6 Brancion, Dieonne, St-Germain-du-B. 7 Château-Chin, Mont-St-Vincent. 8 Bois-Ste-Marie, St-Etienne-en-B. 9 Messay, Romenay, Trembly, St-Léger. 10 Lucenay. 11 Cuiseaux. 12 Dompierre, Joncy. 14 Lugny. 15 Cussy, Epervans, Montceau, Toulon. 16 Cronat, Gigny, Sassenay, Ste-Croix. 18 Martigny, St-Germain-du-B., Uchizy. 22 Gergy. Lays, Savigny-en-R. 24 St-Léger, St-Yan. 25 Branges, St-Bonnet-de-J. 26 Gueugnon. 27 les Bruyères, Autun. 28 Savigny-en-R. 29 Bourg-le-C. Cloudeau, Etang, Mâcon. 30 Sagy, St-Germain.

Octobre. — 1 Couches, 3 Labelouze, Sanvigne. 4 Palinges, St-Bonnet-en-B. 5 Neuvy, 6 Cressy. 8 Bourbon (2 jours). 9 Lucenay, Marcilly. 10 Frangy, Lavilleneuve, St-Maur.-des-P. 11 Montcenis. 13 Tramayes. 14 la Guiche. 15 Chagny, Cussy, Dompierre, Essertennes, Villegaudin. 16 Montchanin, Serrigny. 17 Navilly. 18 Buxy, Viry. 20 Simandre. 22 Lys. 25 Epinac. 26 Bourbon (2 jours), Cormatin. 27 les Bruyères. 28 Chenay, Chissey, Cuiseaux, Salornay, Verdun. 29 Prissé. 30 Châlon.

Novembre. — 2 Perrecy, St-Martin-les-A., Mâcon. 3 Montcenis. 5 Labussière. 6 Bellevesvre, Ouroux, Paray; St-Albin. 7 Champvent, Flacey, Issy-l'Evêque, la Guiche. 8 Sennecey. 9 Martigny. 10 Couches, Plicerre, Romaneche. 11 Blanzy, Mervans. 12 Bourg-le-C., Cluny, Autun. Laives, Romenay, St-Dézert. 14 Toulon. St-Martin. 15 Azé, Labelonze, Leynes, St-Yan. 16 St-Bonnet-de-J. 17 Saillenard. 18 Genelard, Uchizy. 19 Châteauneuf. 20 Anglure, Varennes-le-G. 21 Chap.-St-Sauv., Dompierre. 22 Cuisery, Lys. 23 Joncy. 24 Bourgneuf, Bourbon, Lucenay, St-Léger. 25 Bois-Ste-Marie, Brancion. 26 Tramayes. 28 Cronat, Autun. 29 Digoin, la Chapelle, St-Sorlin.

Décembre. — 1 Anost, Cruzille, St-Martin-en-B. 3 Marcilly, Sommant. 4 Chasselas, Dommartin, Perrecy. 5 la Tannière. 6 Cloudeau, Lugny. 7 Salornay, Gourdon. 9 Loisy, Trembly. 10 St-Bonnet-de-J., St-Léger-sur-B. 11 Buxy, Domp.-les-Or. 12 Cuiseaux, St-Loup-de-Las, Toulon-sur-Arr. 13 Crêches. 14 Cluny, St-Amour, 15 Tramayes. 16 Cussy. Montchanin. 18 les Bruyères, St-Jean-de-V., Sennecey-le-G. 19 Autun. 20 Gueugnon. Simandre. 21 Montcenis. 22 Bourbon, Cormatin. 23 St-Didier. 26 St-Léger. 27 la Guiche. 28 Labelouse. 29 Varennes-St-S. 30 Germolles, St-Marcel. 31 Dompierre, Louhans.

Foires du département de Saône-et-Loire

Foires mobiles. — *Autun*, veille des Rameaux. *Azé*, 1er lundi d'Août. *Beaudrières*, 3e merc. de sept. *Bourbon*, 1er et dern. sam. de mai. *Chagny*, jeudi av. la Purification. *Châlon*, lundi ap. le 8 sept. *Charolles*, 2e merc. de chaque mois. *Chateauneuf*, mardi av. Pâques. *Chauffailles*, 1er jeudi de chaque mois. *St-Cristophe-en-Brionnais*, 3e jeudi de chaque mois. *Ciel*, lundi ap. le 8 sep. *La Clayette*, 1er mardi de chaque mois. *Cluny*, dern. sam. de chaque mois exc. oct. et nov. sam.-gr., veille des Rameaux, sam. av. la Pent. *Crèches*, veille des Rameaux. *Cruzille*, merc. ap. Pâques. *Cuizery*, 1er mardi de chaque mois exc. juin et juillet. *St-Didier*, lundi ap. le 23 mai. *Digoin*, sam.-gr. *St-Gengoux*, mardi ap. les Rois, 1er mardi de Carême, mardi ap. le 11 mai, la Ste-Anne, la Nativité, la Toussaint. *Girry*, lundi ap. la Purification, la St-Jean P. L., 1er lundi de sept. lundi ap. la Ste-Catherine. *Lecousserie*, lundi av. Pâques. *Louhans*, 1ers lundis de janv., fév., mars, avril, mai, juil., oct., nov. et déc. lundi av. la Pent. *Lucenay*, jeudi-gr., merc. ap. Pâques, 1er mardi ap. la Pent. *Lugny*, lundi ap. la Pent. *Mâcon*, le jeudi-gr. *Sercigny*, 2es lundis de janv., av., juin, août et déc. *Marizy*, lundi ap. Pâques. *Matour*, 2e jeudis de chaque mois. *St-Maurice-des-Prés*, lundi ap. la Trin. *Montbellet*, lundi ap. le 1er dim. de janv. *Montcenis*, 2e merc. de janv., juin, juil., sept., 1ers merc. de fév. et mars, dern. merc. d'av. et 3e merc. de mai, mardi av. Pâques. *Gyé*, 4e merc. de mars, avril, mai, juin, août et oct. *Paray*, 3e mardi de fév., mars, avril, mai, juin, août, oct. et déc. *Pierreclos*, lundi ap. la St-Martin. *St-Romain*, dern. merc. de mai, jeudi ap. Pâques. *Romanèche*, lundi ap. la St-Pierre. *Romenay*, lundi ap. les Rois, 1er vend. de carême, jeudi ap. la Passion, 1er vend. de juillet, 1er vend. ap. la Pent. *Semur-en-Brionnais*, 4es mardis de mars, de juillet et de nov. *Tournus*, 1ers sam. de chaque mois. *St-Usuge*, mardi de la mi-carême. *Varennes-le-Grand*, 1er lundi d'août. *Varennes-Saint-Sauveur*, 1ers jeudis de mars, avril, juin, sept. et déc.

Janvier. — 1 Louhans. 2 Mont-St-Vincent, Tramayes. 4 Montpont. 7 Etang, Digoin, Leynes, Tournus. 9 Charneuf, la Tannière. 10 Bois-Ste-Marie. 12 Bruyères, Fontaine, Pierreclos. 13 Bellevesvre, Gueugnon. 14 Autun. 15 Romanèche, Savigny-en-R. 16 Couches, St-Bonnet-de-J., Louhans (2 jours). 17 Pierre, Senozan, Toulon. 18 Dompierre, Salornay-sur-G. 19 Cronat, Cuiseaux. 20 Issy-l'Evêque, St-Martin-en-B. 21 St-Léger-sur-B. 25 Bourbon, la Chapelle-de-G. Romenay, Sennecey. 26 Cloudeau, St-Prix. 28 Gray, Autun. 29 Châteauneuf. 31 St-Vallier.

Février. — 1 Tramayes. 3 Marigny, Simard. 4 Anost, Perrecy. 5 St-Bonnet-de-J. 6 Cuiseaux, Ouroux. 7 Neuvy. 8 Allerey. 9 Dompierre. 10 Grande-Verr. Mesvres. 11 Châlon. 12 Joncy, Labelouze. 13 Montbellet. 15 St-Dezert, St-Symphorien-de-M. 17 Cornatin, St-Léger-sur-B. 18 Genouilly. 22 la Russière. 22 Brancion, les Bruyères. 23 Sauvigne. 24 Cussy, Marizy. 25 Bourbon, St-Léger. 27 Toulon, Châlon. 28 Verdun.

Mars. — 1 Autun (5 jours), Buxy, la Guiche, Mervans, Louhans (2 jours). 2 Lys. 3 St-Amour, Marcilly, Sagy. 4 Azé, Pierreclos. 5 Salornay. 6 Dompierre-les-Or. 7 St-Bonnet-de-J. 8 Couches, Sennecey, St-Allbin. 9 Martigny, Montchanin. 10 Grury. 11 Cussy, Ouroux. 12 Lugny, St-Marcel. 13 Genelard. 14 Essertenne, St-Yan. 15 Mont-St-Vincent, Ouroux, Tramayes, St-Usuge. 17 Chissey, Navilly, Saillenard. 19 Lays, Senozan. 20 Anost, Mazille. 21 Issy-l'Evêque, Villeneuve. 22 Jully. 23 Sens. 25 Antuilly, Perrecy, Uchizy. 26 Leynes, Trembly. 28 Cuiseaux, St-Loup-de-la-S. 30 Bourbon, Sorrigny. 31 La Bussière.

Avril. — 1 Bois-Ste-Marie. 3 Gray, Romanèche. 4 Neuvy. 5 Palinges. 6 Brancion, St-Léger-sur-Dh., Vitry-sur-Loire. 7 Monteagny. 8 Epervans, St-Jean-de-V. 9 Dompierre, St-Emiland, Sassangy. 10 Blanzy, Gueugnon, St-Boil, Sassenay. 13 St-Bonnet-de-J. 15 Cormatin. 16 Cronat. 17 H. de Montch. 18 Bey. 19 Digoin, Salornay. 20 Mont-St-Vincent, Pierre. 21 Tramayes. 23 Couches, Laboussière, Lessard-en-Br. Lugny. 24 Simandre, St-Vallier. 25 Les Bruyères, Mouthiers. 26 Cuiseaux, Melay, Savigny-en-R. 27 Dévrouze, Marcilly, St-Léger, Pierreclos. 28 Lys, Toulon. 29 Fleicey. 30 Anost, Monceau.

Mai. — 1 La Guiche. 2 Buxy, Cloudeau, Epinac, Issy-l'Evêque, Mervans, St-Sorlin. 4 Bourgneuf, Martigny, St-Léger-sur-B. 5 St-Julien-de-Cr., Perrecy. 6 Genouilly, Coligny, Ste-Croix, St-Etienne, St-Jean-des-V. 7 Crai, Autun. 8 Sagy, Sennecey. 9 Senozan, la Tannière. 10 Dompierre, Verdun. 11 Gigny. 12 la Chapelle-St-S., Loizy. 13 Chenal. 14 Berguy, Essertenne, Lecousse. 15 Azé.

FOIRES DU DÉPARTEMENT DE LA LOIRE

26 St-Priest-la-Prugne. 27 St-Martin-la-Sauveté. 28 Pélussin. 30 St-Paul-en-Jarret, St-Just-en-bas.

Mai. — 1 St-Sauveur, Ambierle. 2 Rive-de-Gier, Noirétable. 3 St-Chamond, St-Just-sur-Loire, Villemontais. 4 St-Pierre-de-Bœuf, Néronde. 5 St-Haon-le-Châtel. 6 Bourg-Argental, St-Just-en-Chevalet. 8 Le Bessat. 10 La Pacaudière. 12 St-Just-en-bas, Bussières. 14 St-Martin-d'Entreaux. 17 St-Marcel-de-Félines. 20 Sevelinges. 21 Mervieux. 22 St-Julien-Molin-Molette, Firminy. 25 Pélussin. 31 Lagresle, St-Just-la-Pendue.

Juin. — Le Bessat, Poncins, Belmont, Ste-Colombe, la Pacaudière, Villeret, 7 St-Priest-la-Prugne. 11 Le Chambon, St-Didier-sur-Rochefort, Vendranges. 14 Boën. 21 St-Germain-Lespinasse, Violay. 22 Pouilly-les-Feurs. 23 St-Martin-Lestra. 24 Pélussin, Belleroche. 25 St-Etienne, Fontanès, Cremeaux, Neulise. 26 Renaison. 30 Pommiers.

Juillet. — 2 St-Just-en-Chevalet. 3 St-Chamond. 22 La Pacaudière, 23 Noirétable. 25 St-Julien-Molin-Molette. 26 St-Polgues. 31 St-Just-la-Pendue.

Août. — 1 St-Genest-Malifaux, St-Germain-Laval. 3 St-André-d'Apchon. 6 Le Bessat, Ambierle. 7 Balbigny. 10 Le Chambon, Lagresle, St-Martin-d'Entreaux. 12 St-Priest-la-Prugne, Ste-Colombe. 13 Cremeaux. 16 Belmont. 17 Mervieux, Roanne. 20 Chalmazelle. 22 La Pacaudière. 23 St-Just-en-Chevalet, Vendranges. 24 St-Galmier. 27 St-Polgues. 28 St-Chamond, Régny. 29 Panissières. St-Haon-le-Châtel.

Septembre. — 2 St-Marcel-de-Félines 3. Pélussin. 5 St-Marcel-d'Urfé. 9 St-Etienne, St-Martin-Lestra. 11 Renaison. 14 St-Forgeux-Lespinasse. 17 Cervières. 18 Le Bessat, Cremeaux, Villemontais. 21 Ste-Agathe-la-Bouteresse (3 jours). 22 Rive-de-Gier. 24 St-Julien-Molin-Molette. 25 Panissières, la Pacaudière. 29 St-Chamond, 7. 30 Belmont.

Octobre. — 7 Firminy. 9 St-Genest-Malifaux, St-Polgues. 10 Coutouvres, 12 St-Priest-la-Prugne. 13 St-Pierre-de-Bœuf. 16 Violay. 17 St-Sauveur. 18 Montbrison, Lagresle, la Pacaudière. 25 St-Just-en-Chevalet, Villeret. 26 Noirétable. 29 St-Didier-sur-Rochefort, St-Just-la-Pendue.

Novembre. — 2 Bourg-Argental, St-André-d'Apchon. 3 St-Marcellin. 8 St-Haon-le-Châtel. 10 St-Martin-Lestra, Champoly. 11 Fontanès, le Chambon, Pélussin, Ambierle. 12 St-Just-en-bas, St-Germain-Laval. 14 Périgueux. 18 St-Héand, Maclas, St-Hilaire, Néronde, Chougy. 22 Firminy, St-Rambert. 25 St-Galmier. 30 Bourg-Argental.

Décembre. — 1 Rive-de-Gier, Sury, la Pacaudière. 3 Renaison. 6 St-Marcel-de-Félines. 9 St-Marcellin, Roanne. 13 St-Just-en-Chevalet. 18 St-Martin-d'Entreaux. 20 Cremeaux, Régny. 21 St-Martin-Lestra, Belleroche. 22 Briennon. 28 Bourg-Argental. Meylieu-Montrond. 30 Ste-Colombe.

SUPPLÉMENT. — *Saint-Symphorien-de-Laye,* 1er jeudi après les 10 mars, 10 mai, 22 août, 1er décembre. — *Briennon,* 1er lundi d'avril, 20 juillet, 21 déc. — *Loy,* 2 janvier, jeudi gras, lundi de Quasimodo, lundi ... ... la Saint-Jean. — *Urbise,* premier sa... di après l'Ascension; 9 septembre.

COMICE AGRICOLE

DES CANTONS

D'AMPLEPUIS ET THIZY

DE

Quatre Communes du canton de Lamure
et de Saint-Just-d'Avray.

COMPTE-RENDU
Du Concours du 5 Octobre 1872
A Cublize.

Le comice agricole des cantons d'Amplepuis et Thizy a tenu son concours à Cublize, sous la présidence de M. Rejaunier, membre du Conseil Général.

A dix heures, les diverses commissions ont commencé leurs travaux d'examen. L'exposition de la race bovine était remarquable : on comptait 170 têtes de gros bétail, parmi lesquelles on admirait particulièrement la magnifique écurie du président du comice qui s'était placé lui-même hors concours. A midi les membres du bureau du comice et des diverses commissions, presque tous les maires et les notabilités agricoles des deux cantons se sont réunis sur l'estrade et M. Rejaunier a commencé la distribution des récompenses par le discours suivant :

Messieurs,

Depuis notre dernier concours, tant de maux se sont déchaînés sur notre malheureuse patrie, l'invasion, la guerre civile, la sécheresse, deux terribles hivers, et tout récemment l'inondation, que je ne puis me défendre d'une vive émotion en me retrouvant au milieu de vous.

Après de si grandes calamités, si au moins nous pouvions espérer de toucher au port de salut, si le navire de l'état, battu par la tempête pendant plus de deux années, était enfin à l'abri du naufrage, si le cultivateur était enfin assuré que le fruit de ses travaux ne deviendra pas la proie d'un vainqueur implacable ou des barbares de l'intérieur, mais hélas ! tout nous présage encore des orages ; nous sommes loin encore de ces jours de paix, de sécurité où on peut se livrer sans préoccupation, sans crainte du lendemain aux doux et féconds travaux de l'Agriculture.

Ne soyez donc pas surpris, mes chers concitoyens, si le concours de Cublize se ressent de cette tristesse, de ces préoccupations ; s'il ne ressemble pas à nos brillantes fêtes d'autrefois, ah ! c'est qu'il ne peut pas y avoir de fête pour nous, pour des cœurs français, tant que l'étranger foulera le sol de la France ! ! !......

Aussi, ce n'est point à une fête, mais à un modeste concours que nous avions convié les cultivateurs de ces trois cantons.

C'est par devoir et pour remplir le mandat que vous avez bien voulu nous confier que nous reprenons nos pacifiques travaux malgré les craintes de l'avenir, c'est pour relever nos courages par l'union, pour nous donner une mutuelle confiance et l'espérance en de meilleurs jours.

Jamais dans aucun temps la France eût-elle un plus pressant besoin de travailler et de produire ?

N'avons-nous pas à cicatriser les plaies de cette glorieuse blessée qui s'appelle la France ? Le développement de l'Agriculture n'est-il pas un des moyens les plus puissants pour lui rendre la vie.

N'oublions pas que l'Agriculture est notre mère-nourricière, qu'elle produit en moyenne seize milliards par an !!!... C'est de l'Agriculture, messieurs, je ne crains pas de l'affirmer que nous viendra le salut ; c'est à elle que la France doit la plus grande partie de sa richesse; c'est à elle qu'elle doit ses plus vaillants soldats ; c'est à elle qu'elle devra un jour de reprendre sa place dans le monde.

L'Agriculture, messieurs, c'est l'éminent homme d'État, M. Drouyn de Lhuis, président de la grande Société des agriculteurs de France, qui l'a dit tout récemment à l'Exposition de Lyon : l'Agriculture est la base de *granit* sur laquelle reposent la prospérité et la puissance de l'Etat ; le peuple français est comme ce *géant*, fils de la terre : pour conserver sa force et sa puissance, il doit rester en contact avec la terre et se vouer de plus en plus à l'Agriculture.

Le plus grand obstacle au progrès agricole est ce funeste entraînement qui pousse les populations des campagnes dans les villes, fascinées qu'elles sont par un *mirage* trompeur qui le plus souvent au lieu de donner la fortune, leur donne la misère avec l'immoralité.

Un des moyens les plus efficaces pour combattre le mal, c'est l'enseignement élémentaire agricole dans les écoles primaires ; il faut faire entrer dans les jeunes cervelles l'amour du sol, l'amour du pays ; apprendre à l'enfance à aimer l'Agriculture, à respecter *la religion et la profession* de ses pères, c'est rendre au pays le plus utile de tous les services; c'est faire de bons citoyens. Ce qui existe dans quelques départements, se généralisera bientôt je l'espère, aux écoles primaires, toutes annexées à de vastes jardins dans lesquels l'instituteur congréganiste ou laïque donne aux jeunes enfants des leçons d'horticulture, de floriculture, d'arboriculture et de greffe.

Dans cet ordre d'idées, je vous propose, messieurs, la fondation d'un prix à donner à l'instituteur des dix-huit communes du comice qui aura le plus fait pour l'Agriculture.

Les comices ont fait faire de grandes conquêtes à l'Agriculture ; mais quel chemin il lui reste à parcourir ? que de choses à apprendre.

Permettez-moi de vous le répéter : malgré nos appels réitérés, un grand nombre d'entre vous restent indifférents pour nos comices, les souscriptions au lieu de grandir, ont diminué dans une notable proportion, alors qu'il faudrait redoubler d'ardeur, de zèle, de bonne volonté pour accroître *un excédant de production*, à l'aide duquel nous pourrons faire revenir chez nous un peu de cet or, de ce Pactole qui coule vers les rives de la Sprée.

Cultivateurs, c'est surtout à vous que je m'adresse : pas un de vous ne devrait se tenir en dehors de notre Société du comice, et chose étonnante, c'est chez vous que nous trouvons le plus d'indifférence ; cependant n'êtes-vous pas les plus intéressés au succès de nos comices ? nous ne pouvons rien sans les souscriptions : plus elles seront nombreuses, plus vous aurez des primes.

Des esprits chagrins disent que les concours ne sont qu'une vaine exhibition et ne servent à rien. C'est là une profonde erreur : ils sont une *école d'enseignement mutuel* qui rayonne sur toute la circonscription du comice en rapprochant les agriculteurs qui ont l'occasion de se communiquer leurs idées, d'examiner, de juger, de com-

parer les animaux et d'apprendre ainsi à connaître les meilleurs types.

En finissant je fais appel à la conciliation ; dans ce comice
il n'y a point, il ne doit point y avoir de partis politiques, tout
dissentiment doit s'effacer sur ce noble terrain de l'Agriculture. Les agriculteurs doivent donc se tendre la main et
s'unir pour le bien du pays.

On a particulièrement applaudi à l'idée féconde du
prix à instituer en faveur des instituteurs qui auraient
fait le plus pour donner aux enfants des notions élé-
mentaires d'agriculture, et nous ne croyons pas être
indiscret en disant que M. de Saint-Victor a offert au
bureau du comice le premier prix à distribuer l'année
prochaine. Inutile d'ajouter que cette offre a été ac-
ceptée avec reconnaissance.

Le banquet qui a succédé a été fort gai ; la fanfare
de Saint-Jean-la-Bussière a fait entendre ses meilleurs
morceaux et la plus grande cordialité a régné parmi
ces agriculteurs, heureux de se retrouver, après une
si longue séparation.

C'est la première fois que la commune de Ronno,
qui faisait autrefois partie du canton de Tarare, con-
courait dans le canton d'Amplepuis ; aussi le président du comice a profité de l'heure des toasts pour
lui souhaiter la bienvenue dans les termes suivants :

Messieurs,

Vous avez remarqué, en entrant dans cette salle, au-dessus de ce faisceau de pacifiques instruments d'agriculture, un nom que vous n'avez pas encore vu figurer dans vos comices, celui de l'excellente commune de Ronno.

Par suite de la création du canton d'Amplepuis, cette commune s'est réunie à nous ; c'est donc pour nous une bonne fortune ; nous irons y puiser à bonne source les meilleurs exemples, les meilleures pratiques pour l'irrigation, la nourriture économique des animaux et leur bon choix, les affûtements, la sylviculture, etc. La culture dans cette commune y a pris rapidement un grand essort, grâce au *lauréat* de la prime d'honneur de 1869, que nous avons l'honneur de voir aujourd'hui au milieu de nous.

Que la commune de Ronno soit la bienvenue pour nous !

Je porte un toast de cœur aux représentants de Ronno que je vois assis à cette table : A la belle commune de Ronno et à ses représentants !

M. Rejaunnier a continué en remerciant encore les membres des diverses commissions, M. Auloge, de Roanne, M. de Pomey, fondateur du comice, et l'obligeant M. Favel, directeur du comice agricole de Tarare, sans oublier l'excellente fanfare de Saint-Jean.

M. de Saint-Victor a répondu au président du comice pour le remercier des paroles si flatteuses qu'il venait de prononcer, et il a fait observer au lauréat de la prime d'honneur, en 1869, que ce n'était pas à

Ronno, mais bien à Cublize que l'on continuerait à venir puiser des exemples et chercher des leçons. Cette courtoise improvisation a été vivement applaudie.

RAPPORT

De la Commission de visite pour les Prix de bonne Culture et les Primes locales.

Messieurs,

La zone qui concourt cette année pour les prix de bonne culture et les primes locales, la deuxième zone est composée des communes de St-Bonnet-le-Troncy, St-Vincent de-Rheins, Thel et Ranchal.

La commission de visite n'a pu faire que tardivemen ses opérations, par suite de la maladie d'un de ses membres M. Camille Suchel, vice-président du comice et que nou regrettons tous de ne pas voir au milieu de nous (M. Suchel a été subitement appelé en Normandie, où retiennent des devoirs de famille).

M. Marc Cholet présidait cette commission composée d lauréats des prix de culture, MM. Chizallet, Gardette e Dévareme Victor.

Les déclarations n'ont pas été nombreuses, dix-neuf ; e sur ces dix-neuf, la commune de St-Bonnet en a présent dix-sept dont quatre pour la bonne culture, deux pour le reboisements, deux pour les prairies naturelles et l'irrigation, deux pour les luzernières, deux pour la viticulture, quatre pour la bonne tenue des fumiers, une pour bande de bestiaux, en tout dix-sept. C'est magnifique, nous en faisons notre sincère compliment et nous donnons en exemple la commune de St Bonnet ; nous voudrions voir toutes les communes montrer le même empressement ; St-Vincent deux concurrents, l'un pour la bonne culture et l'autre pour la viticulture ; Thel pas une seule, Ranchal pas une seule ; il est inconcevable que dans ces deux communes il ne se rencontre pas un seul cultivateur qui se mette sur les rangs ; nous avons eu plusieurs fois l'occasion de traverser le territoire de Thel et nous y avons remarqué avec surprise de beaux champs de froment, de trèfles et de pommes de terre, une culture soignée qui ne péparerait pas la riche commune de Bourg-de-Thizy pourquoi donc les habitants de Thel ne viennent-ils pas demander notre visite ?

A propos des luzernières, la commission a pensé ne pas pouvoir décerner des primes ni à l'un ni à l'autre des deux déclarants ; l'un présentait un carré de galéga d'une surface insignifiante et l'autre une luzerne de jardin.

Nous voyons à regret que nos recommandations pour la culture de cette plante fourragère, si éminemment productive, n'ont pas été suivies ; nous vous répétons : Semez de la luzerne, il n'est pas un domaine petit ou grand qui ne puisse en avoir ; si vous n'avez pas confiance, semez d'abord une petite quantité ; lorsque vous l'aurez fauchée deux ans de suite, vous étendrez votre champ en regrettant de ne pas l'avoir fait plus tôt.

Voici maintenant le rapport de M. Marc Cholet, président de la commission de visite :

Les concurrents pour les prix de bonne culture sont malheureusement cette année peu nombreux et ceux qui ont voulu concourir sont loin du chemin à suivre pour obtenir de bons résultats ; point d'assolemnts réguliers, partout une vaste étendue de terrain semée en seigle, les prairies artificielles en petite quantité ne sont semées que dans les meilleurs fonds et sans régularité, les fumiers sont généralement descendus dans le bas des propriétés où il devrait y avoir de bonnes luzernières et dans certains endroits de bons prés naturels, tandis que les hauteurs ne sont ensemencées qu'en seigle ; les genêts y poussent sur de vastes étendues de terrain qui ne servent que pour de mauvais pâturages.

Le fermier que nous avons reconnu pour le meilleur cultivateur est M. Gerin Jean-Claude au hameau de la Place sur St-Vincent. Sauf l'assolement, qui laisse tout à désirer, le travail est bon et lui vaut le premier prix de bonne culture.

Le deuxième prix est donné *ex æquo* à Chuzeville Benoît-Antoine, au hameau Cambry sur St-Bonnet et à M. Robin Claude, fermier à Surey, même commune. Les fumiers de M. Robin sont bien tenus ; mais nous avons observé qu'il en avait une trop grande quantité, pour la saison, non employés ; avec ses engrais il aurait pu obtenir de bonnes récoltes en maïs, blé noir, raves, etc.

La meilleure tenue du fumier pendant l'été est de l'employer autant que possible au fur et à mesure qu'il est fait. Néanmoins nous lui accordons le prix de bonne tenue de fumier, de moité avec M. Jules Desmure de St-Bonnet.

M. Perrin, qui obtient le troisième prix, aurait mérité le second si son travail n'était pas un peu négligé ; la bonne terre, chez lui, repose en paix au fond des balmes.

La tenue du fumier de M. Jules Desmure est un exemple que tous les cultivateurs devraient suivre, mais c'est si petit, une miniature ; fosse à purin dans l'écurie, une toiture pour le fumier, seconde fosse pour l'égoût du fumier, tout y est ; malheureusement c'est trop petit : son champ de aléga a environ huit mètres, sa vache pourrait tout le broûter d'un coup, comment voulez-vous primer cela ; c'est joli, il est vrai, c'est bien tenu, mais c'est trop petit.

La vigne de M. Champale Julien, de St-Vincent-de-Rheins est en très-bon état ; il nous a déclaré qu'elle était l'un hectare dix ares et avoir vendu en 1871 vingt pièces le vin, vendu à 70 francs la pièce, et pour deux cents francs le raisins vendus. Nous avons pensé qu'il méritait le prix de viticulture.

Nous accordons le prix de sylviculture à Mme veuve Jagnin de Surey, pour ses tenues de pins de pays ; ce système de reboisement doit être surtout encouragé et paraît le meilleur pour les terrains secs et arides de nos hautes montagnes ; nous les avons comparées avec les plantations d'épicéas ; la différence est frappante, les pins de pays fournissent déjà du bois de chauffage à l'âge de huit à dix ans, tandis que de longtemps encore l'épicéa ne donnera rien ; quant à la qualité du bois nous laissons à d'autres, plus compétents, le soin de juger.

M. Isidore Plasse obtient le deuxième prix de reboisement pour sa vaste plantation d'épicéas sur la commune de Ranchal ; en lui accordant le deuxième prix, la commission déclare que ce n'est point pour encourager la plantation de cette essence de bois, mais seulement comme ré compense d'un travail considérable et bien exécuté ; M. Plasse a su mettre à l'abri de la dent du bétail cette plantation par d'immenses fossés.

J'ai entendu faire une comparaison à propos des prés pâture ; ce serait comme quelqu'un qui voulant soulever un rocher sans un point d'appui solide ferait des efforts inouïs ; il l'ébranle, le remue un peu, mais le rocher retombe toujours à la même place.

M. Félix Magnin de Cambry, maire de St-Bonnet, semblerait avoir donné un démenti à cette comparaison. La prairie située presque à la cime de la montagne semble privée de la quantité d'eau nécessaire à son entretien, on ne sait d'où elle peut sortir, les rases sont sèches quoique très-bien entretenues, on se demande comment l'herbe peut y pousser en si grande abondance, le bétail en assez grand nombre qui pait là-dedans est très-bien portant, c'est un prodige ! Que fait M. Magnin pour obtenir ce bon résultat ? Il a su, par une combinaison ingénieuse, utiliser les eaux de pluie, le lavage des cours, les purins, es eaux de chemin, tout cela est balayé à la moindre averse et glisse alternativement sur la partie de pré qui en a le plus besoin. La commission a été unanime pour lu accorder le prix de création de prairies naturelles.

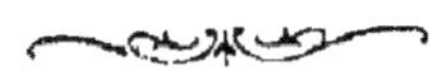

NOMS DES LAURÉATS.

Prix de bonne culture.

1er Prix.   médaille de bronze et 100 fr. — M. Gerin Jean-Claude, fermier, à Saint-Vincent-de-Rheins.

2e Prix. ex æquo { médaille de bronze et 40 fr. — Chuzeville Benoit, à Saint-Bonnet.

médaille de bronze et 40 fr. — Robin Claude, fermier, à Saint-Bonnet.

3e Prix.   médaille de bronze et 50 fr. — Perrin Barthélemy.

Race bovine.

Première catégorie — TAUREAUX AGÉS DE 6 A 18 MOIS.

1er Prix.   M. Magnin Victor, de Marnand.   80 fr
2e Prix.   M. Robin François, St-Bonnet-le-Troncy.   70

Deuxième catégorie. — TAUREAUX AGÉS DE 18 MOIS A 3 ANS

1er Prix.   M. Chatard Pierre, Ronno.   90 f
2e Prix.   M. Triboulet Antoine, Mardore.   80

GÉNISSES DE 1 A 3 ANS.

1er Prix.   M. Manassé Frédéric, Grandris.   70 fr.
2e Prix.   M. Barras Nicolas, Ronno.   60

3e Prix.	M. Comby, Jean-Claude, Thizy.	50
4e Prix.	M. Pontet Pierre, Ronno.	40
5e Prix.	M. Devarenne Victor, Cublize.	30

VACHES D'APTITUDE LAITIÈRE.

1er Prix.	M. de Saint-Victor, Ronno.	55 fr.
2e Prix.	M. Papillon aîné, Ronno,	40
3e Prix.	M. Barras Nicolas, Ronno.	15
ex æquo	M. Pierrefeu, propriétaire, Ronno.	15
4e Prix.	M. Comby, fermier, Amplepuis.	15

Mention honorable hors concours à M. Rejaunier, président du comice, pour sa magnifique exposition de vaches laitières de la race Durham pure ou croisée.

VACHES D'APTITUDE A ENGRAISSER.

1er Prix.	M. Chollet, propriétaire, Cublize.	55 fr.
2e Prix.	M. Magnin Victor, St-Jean-la-Bussière.	40

BANDES DE VACHES.

M. Chuzeville Benoit, Saint-Bonnet.	80 fr.

Race Chevaline.

POULAINS.

1er Prix.	M. Guetton, Bourg-de-Thizy.	50 fr.
2e Prix.	M. Chassaing, Amplepuis.	25
3e Prix.	M. Matray, Saint-Vincent.	10

POULICHES.

1er Prix.	M. Chirrat, Saint-Jean-la-Bussière.	50 fr.

2ᵉ Prix. { M. Malatrait, Marnand.   20
ex æquo { M. Papillon, Ronno.   20
3ᵉ Prix.   M. Chatard, Ronno.   10

Race porcine.

VERRATS.

Prix unique, M. Thely Antoine, Amplepuis.   40 fr.

TRUIES PORTIÈRES.

Devarenne Victor, Cublize.   30 fr.

Concours de labourage.

ATTELAGE A 4 BŒUFS.

1ᵉʳ Prix.   M. Chatard, Ronno.   35 fr.
2ᵉ Prix.   M. Billet, Cublize.   25

ATTELAGE A 2 BŒUFS.

1ᵉʳ Prix.   M. Chassaing, Amplepuis.   25 fr.
2ᵉ Prix.   M. Bertinier.   20

ATTELAGE A 2 VACHES.

1ᵉʳ Prix.   M. Papot, Amplepuis.   20 fr.
2ᵉ Prix.   M. Chavanis, Cublize.   10

Sylviculture.

1ᵉʳ Prix.   Médaille d'argent. — Mᵐᵉ veuve Magnin, Saint-
Bonnet-le-Troncy.

2ᵉ Prix. Médaille de bronze. — M. Isidore Plasse, St-Bonnet-le-Troncy.

Prairies nouvelles.

Prix. M. Félix Magnin, St-Bonnet-le-Troncy, 50 fr.

Viticulture.

Prix. M. Champalle Julien, Saint-Vincent-de-Rheins. 50

Bonne tenue des fumiers.

1ᵉʳ Prix. { M. Robin Claude, Saint-Bonnet. 15 fr.
ex æquo. { M. Desmure Jules, Saint-Bonnet. 15

Arboriculture.

Prix. M. Falcottet Georges, Amplepuis. 20

Gardes-Champêtres.

Prix. M. Déal Antoine, garde à Cublize. 25 fr.

Serviteurs agricoles.

Le bureau du Comice n'a reçu que cinq déclarations, il regrette de voir aussi peu d'empressement à briguer une prime aussi honorifique et il engage les maîtres surtout à se préoccuper des intérêts de ceux qui leur prouvent leur dévouement par de longs et loyaux services.

HOMMES.

1ᵉʳ Prix. médaille de bronze et 50 fr. — M. Lacote Vital, de Mardore, au service de M. Moncorger, depuis 11 ans.

2e Prix. Médaille de bronze et 40 fr. — M. Ovize Jean-
Claude, de Mardore, au service de Mme Burnichon, depuis 10 ans.

FEMMES.

1er Prix. Médaille de bronze et 50 fr. — Mme Duperray
Benoite, à Cours, au service de M. Matrait,
depuis 19 ans.

2e Prix.
ex æquo

Médaille de bronze et 40 fr. — Mme Ovize
Françoise, au service de M. Burnichon, depuis
14 ans, à Cours.

Médaille de bronze et 30 fr. — Mme Boyer
Césarine, au service de M. Favre depuis 14 ans,
à Laville, de Cours.

Serviteurs industriels.

Ces deux prix accordés sur la demande d'un grand
nombre d'industriels pour encourager et récompenser la
fidélité et la constance de leurs ouvriers, sont donnés aux
communes d'Amplepuis et Cublize : ils sont distribués dans
la zone où a lieu le concours.

OUVRIERS EN MANUFACTURE.

Prix. médaille de bronze et 50 fr. — M. Debot depuis
19 ans chez M. Pierrefeu.

OUVRIERS A DOMICILE.

Prix. médaille de bronze et 50 fr. — M. Giraud Claude,
travaillant depuis 37 ans sans interruption pour
Mme Raffin et fils, d'Amplepuis.

Mention honorable et 20 fr. — Mme Rochon Françoise.

Le secrétaire du comice,
A. RAFFIN.

LISTE

DES

MEMBRES TITULAIRES

DU COMICE AGRICOLE

Des Cantons d'Amplepuis et Thizy

DE QUATRE COMMUNES DU CANTON DE LAMURE

ET DE SAINT-JUST-D'AVRAY

Amplepuis.

1 Me d'Anchald.
2 Arduin.
3 Beroud, à Bébé.
4 Besacier Antoine.
5 Burnichon, Montellié.
6 Chassaing Passé.
7 Comby, fermier.
8 Colas Benoit.
9 Cortay Jacques.
10 Couble, fermier.
11 Couty, notaire.
12 Demont Pierre.
13 Desigaud Pierre.
14 Devarenne, Bébé.
15 Dutour, curé.
16 Falcottet George.
17 Fouillat Claude.
18 Gardette Jean.
19 Gaydon Labrosse.
20 Guyot.
21 Fouillat Jean-François.
22 Koch Alphonse.
23 Goutard veuve.

24 Lagay Pierre.
25 Lagoutte Jean.
26 De Lagoutte A.
27 De Lagoutte P.
28 Liberal Vernayes.
29 Morlin, adjoint.
30 Murat Jean.
31 Magnin Charles.
32 Naton Etienne.
33 Perret.
34 Passinge Blaise.
35 De Pomey.
36 Poyet fils.
37 Pradet.
38 Planus.
39 Ovize, fermier.
40 Ballin André, secrétaire.
41 Roche (Mlle).
42 Thely Antoine.
43 Thimonnier François.
44 De Varax Paul.
45 Tholin Jean-Marie.
46 Villy Auguste, maire.

Bourg-de-Thizy.

1 Coquard Poizat.
2 Poizat Coquard.

3 Sabattin.

Cours.

1 Boit Jean-Claude.
2 Chapon-Cortay.
3 Cherpin André.
4 Gautier Charles.
5 Gronier Ernest.
6 Matrait François.

7 Poizat André.
8 Poizat Auguste.
9 Michalot.
10 Perrin Alphonse.
11 Riboulet.
12 Senac, maire.

Cublize.

1 Aubonnet Math., meunier.
2 Billet, fermier.
3 Bonnetain, fabricant.
4 Brunard, aubergiste.
5 Chambefort, propriétaire.
6 Chavanis Philibert.
7 Chavanis, scieur.
8 Chavanis, du café.
9 Chevret père.
10 Cholet Jules.
11 Chollet frères, agriculteurs.
12 Cholet fils.
13 Veuve Claitte.
14 Clément cardier.
15 Cortay père, boucher.
16 Cortay Amédée, id.
17 Debiesse aîné.
18 Devarenne Victor, fermier.
19 Dupuis Pierre, négociant.
02 Fillon Jean-Claude, id.
21 Garry, boulanger.
22 Giraud, fabricant.
23 Girin Joseph, propriétaire.
24 Glatard Charles, adjoint.

25 Goutard, maréchal.
26 Lachal, fermier.
27 Mlle Lambert Magdelaine.
28 Lambert Etienne.
29 Laroche aîné, propriétaire.
30 Laurent boulanger,
31 Lougère Antoine, boucher.
32 Meleton Paul, cultivateur.
33 Melet, propriétaire.
34 Nonfouse, ferblantier.
35 Ollier, ancien adjoint.
36 Mlle Ollier Angélique.
37 Perras Edmond, négociant.
38 Perrin, notaire.
39 Perrondon, à Seignart.
40 Pivot père.
41 Pivot Gelay, aubergiste.
42 Pontille.
43 Robert, curé.
44 Rejaunier, président.
45 Sarrazin Claudius.
46 Thoviste, boulanger.
47 Truchet d'Ars.

Grandris.

1 Aubonnet Jacques.
2 Bonnetain.
3 Condemine.

4 Durillon.
5 Mellet.

Mardore.

1 Desseigné André. | 2 Desseigné J.-C.

Marnand.

1 Magnin Eustache | 2 Grillet, maire.

Meaux.

1 Boyer Benoit.
2 Chevalard Louis.
3 Dumontet.
4 Favrichon, maire.
5 Bouchat, curé.
6 Favrichon, abbé.
7 Favrichon, fils.
8 Vernier.

Saint-Bonnet-le-Troncy.

1 Chevrot Benoit.
2 Chuzeville.
3 Chervet Pierre.
4 Beaujeu Amédée.
5 Demure Jules.
6 Magnin Antonin.
7 Magnin Félix.
8 Perrin Barthélemy.
9 Plasse Isidore.
10 Robin Claude.

Saint-Jean-la-Bussière.

1 Chenaud Claude.
2 Bellon François.
3 Chirrat Jean.
4 Chizallet Claude.
5 Burnichon Claude.
6 Dumas Jean.
7 Gouttenoire.
8 Magnin Victor.
9 Martin, maire.
10 Martin Claudius.
11 Martin Lagneau.
12 Martin Pierre.
13 Pierrefeu Victor.
14 Boulat, curé.
15 Valentin Claude.

Saint-Just-d'Avray.

1 Bedin, adjoint,
2 Dumontet J.
3 Gaydon, fermier.
4 Guillermin.
5 Proton Abel.
6 Terme, maire.

Saint-Vincent-de-Rheins.

1 Champalle Julien.
2 Diot Claude.
3 Bourdelin, curé.
4 Gerin.
5 Lacroix Julien.
6 Lacroix Philidor.
7 Lacroix Louis.
8 Matrait, fermier.
9 Montibert fils.
10 Montibert Jean.
11 Perras Auguste.
12 Perras Victor.
13 Sarrazin père.
14 Trambouze Maxime.

Thizy.

1 Auquier, maire.
2 Calvatte Victor.
3 Chazelle fils.
4 Girerd Vignon.
5 Ferraris, notaire.
6 Foray, fils.
7 Moncorger Charles.
8 Moncorger, juge de paix.
9 Ollier, vicaire.
10 Pierrefeu Bedin.
11 Perrier-Rourre.
12 Suchel Lazarus,
13 Suchel Camille, vice-présid.

Ronno.

1 Barras.
2 Brun-Eugène.
3 Brun (veuve).
4 Chatard.
5 Chollet.
6 Dumas, curé.
7 Dumas Jean.
8 Lafay Pierre.
9 Farges Benoit.
10 Perrier.
11 Pontet Pierre.
12 Picard, vicaire.
13 Pierrefeu aîné.
14 Roche.
15 De Saint-Victor.
16 Vignon, à Orval.
17 Vignon, aux Charme s.
18 Papillon, aîné.

1873

Le Concours aura lieu à Bourg-de-Thizy.

Les prix de bonne culture et les primes locales seront distribués dans les quatre communes formant la troisième zone : Ronno, Saint-Just-d'Avray, Grandris et Meaux.

Les serviteurs agricoles concourront dans la première zone composée de deux communes, Amplepuis et Cublize.

Les serviteurs industriels dans la quatrième zone, Bourg-de-Thizy, Saint-Jean et Marnand.

Idem pour les gardes-champêtres.

Idem encore pour l'arboriculture, l'horticulture fruits et fleurs.

Imp. JEVAIN & BOURGEON, rue Mercière, 92, Lyon.

www.ingramcontent.com/pod-product-compliance
Lightning Source LLC
LaVergne TN
LVHW011408170726
843501LV00006B/2083